# Être vivant : quelle aventure !

Biologiste, **Louis-Marie Houdebine** est directeur de recherche à l'Institut National de la Recherche Agronomique (INRA). Il est déjà l'auteur de plusieurs ouvrages de vulgarisation scientifique dont une Petite Pomme (*Faut-il allaiter son enfant ?*) et un essai (*OGM, le vrai et le faux*) aux éditions Le Pommier.

**Yann Wehrling** vit et travaille à Strasbourg où il a fait ses études d'Arts plastiques. Auteur de livres en français aux éditions de la Nuée Bleue et en allemand chez Elatus Verlag, il a aussi illustré un ouvrage aux éditions Autrement Junior (*On a trouvé un chien*).

relecture : Valérie Gautheron



ISSN 1770-7943

ISBN 2-7465-0230-5

www.editions-lepommier.fr

239, rue Saint-Jacques 75005 Paris

Louis-Marie Houdebine

illustré par Yann Wehrling

# Être vivant : quelle aventure !

Ouvrage publié avec le concours
du Ministère de la culture et de la communication
(Centre national du livre et
Cité des sciences et de l'industrie)
dans le cadre du Fonds Jules Verne

Éditions
Le Pommier

Tous les mercredis, Louise vient passer la journée chez son cousin Quentin. Mais ce mercredi-là est un peu différent, car Quentin a une mauvaise nouvelle à lui annoncer : Bulle, le petit poisson rouge aux écailles dorées, celui qu'elle aimait tant, est mort la nuit dernière en sautant de son bocal posé sur la table du salon... La petite fille regarde, la larme à l'œil, l'aquarium dans lequel tourne désespérément Gomme, le compagnon d'eau de Bulle. Alors que le jeune garçon tente de la réconforter, Louise, toute chamboulée par l'annonce de cette triste nouvelle, se tourne vers la mère de Quentin et lui demande d'un air accusateur :

— Pourquoi Bulle est mort ?

*La maman de Quentin* — Les poissons rouges meurent tous un jour ou l'autre, comme tous les êtres vivants...

Et elle ajoute :

— C'est vrai que ce n'est pas facile de perdre un être auquel on s'est attaché, mais il faut pourtant l'admettre, même si cela peut faire souffrir.

Quentin, pour qui l'aspect pratique prime toujours sur les sentiments, demande :

— Mais qu'est-ce qui se passe quand on meurt ?

*La maman de Quentin* — Je ne saurais pas vraiment te répondre, Quentin. De temps en temps, quelque chose tombe en panne dans notre corps. Si ce n'est pas trop grave, on tombe malade. Si c'est grave, tout s'arrête et on meure.

— Comme Buuuuuuuuulle ! s'écrie Louise, partie dans une grande crise de larmes.

La maman de Quentin tente de la calmer :

— Louise, enfin… Calme-toi ! Bulle était très nerveux ces derniers temps : il n'arrêtait pas de tourner dans son bocal avec frénésie !

Les larmes de Louise ne tarissent pas malgré les paroles de la mère de Quentin. Finalement, après avoir essayé mille stratagèmes, cette dernière lance soudain :

— J'ai une idée ! Si nous allions tous les trois visiter la Grande Galerie de l'évolution pour nous changer les idées ? Louise, tu pourras y voir plein de petits et de

gros poissons, et ça fait longtemps que je voulais vous y emmener !

Alors que Louise a déjà revêtu son manteau et piaffe devant la porte, Quentin traîne des pieds : « Encore une des sorties rasoir de maman… »

## Qu'est-ce que la vie ?

Une heure plus tard, Louise, Quentin et sa mère se retrouvent dans la Grande Galerie de l'évolution, où se côtoient un banc de thons, un banc de maquereaux et mille autres poissons empaillés.

*Louise* — Mon petit Bulle ! Tata, tu crois que Bulle est là aussi ?

Louise se met à courir partout en appelant bien fort : « Bulle ! Buuuuuuuulle ! » Bien que sa tante la pourchasse en lui criant de parler moins fort, Louise continue à tourner de plus belle autour des poissons et finit sa course dans les jambes d'une jeune femme, qui fait alors tomber toute la pile de papiers qu'elle tenait à la main et renverse sa tasse pleine de café sur sa blouse blanche.

*La maman de Quentin* — Veuillez l'excuser, madame, je vais aller chercher de quoi vous essuyer… Louise est un peu perturbée par…

Mais elle ne peut continuer car sa voix est couverte par les sanglots bruyants de Louise :

— Mon petit Buuulle !

Tandis que la mère de Quentin court chercher de quoi essuyer, la jeune femme rassemble ses papiers et aide

Louise à se relever. La petite fille s'agrippe soudain à son pantalon et lui crie :

— Pourquoi Bulle est mort ? Tu dois le savoir si tu travailles avec tous ces poissons !

*Pr Nautile* — Je suis biologiste, en effet.

Quentin renchérit tout de suite :

— Tu dois savoir alors ce qui se passe vraiment quand on meurt ?

Le professeur Nautile, devant tant de détermination, répond :

— Notre corps est quelque chose de très organisé. Il faut, en même temps qu'on respire, que notre cœur batte pour faire circuler le sang dans nos veines, qu'on digère ce qu'on a mangé, qu'on se débarrasse des microbes qui nous ont infectés, etc. Si notre corps est trop désorganisé pour continuer à fonctionner normalement, la vie s'arrête.

*Louise* — Mais ça veut dire quoi au juste, un « être vivant » ? Un arbre, c'est vivant ?

*Pr Nautile* — Les enfants, je suis désolée, mais je n'ai pas vraiment de temps à vous consacrer…

Devant la mine défaite de Louise, elle reprend :

— Bon… juste un petit tour de quelques minutes avec vous et je retourne à mon labo, d'accord ?

*Louise* — D'accord ! Ça veut dire quoi, « être vivant » ?

*Pr Nautile* — D'après toi, qu'est-ce qui est vivant ?

*Louise* — Les animaux !

*Quentin* — Les microbes ?

*Pr Nautile* — Eh oui, les microbes ! Saviez-vous que « bio » signifiait « vie » et « micro », « minuscule » ? On les appelle aussi « micro-organismes ».

*Quentin* — Les plantes sont vivantes, mais pas les pierres, ni l'eau, ni l'air.

*Pr Nautile* — C'est juste. Alors, qu'est-ce qui fait la différence entre ce qui est vivant et ce qui ne l'est pas ? Un microbe est vivant et pourtant, il ne ressemble pas à un zèbre ! Qu'est-ce que les êtres vivants ont en commun ?

Quentin, en gloussant, répond :

— Ils font des petits !

*Pr Nautile* — C'est effectivement la principale différence entre ce qui est vivant et ce qui ne l'est pas. Si vous assemblez des pierres pour faire une maison, vous aurez une maison, mais une seule, elle ne pourra pas produire une deuxième maison. Cette construction bien organisée ne peut pas se reproduire : elle n'est pas vivante.

*Quentin* — Mais alors, c'est quoi, la vie ? D'où ça vient ?

*Pr Nautile* — Suivez-moi, je vais vous montrer quelque chose rapidement…

Oubliant alors d'attendre le retour de la maman de Quentin, le professeur emmène les deux cousins vers une table lumineuse où sont exposées de grandes planches couvertes de drôles de dessins.

*Louise* — C'est quoi, ces trucs ?

*Pr Nautile* — Ce sont des cellules. La vie a commencé lorsqu'une structure, qu'on appelle « cellule », a été, par hasard, tellement organisée qu'elle est devenue capable de se reproduire en utilisant les matériaux qu'il y avait autour d'elle.

Louise — Qu'est-ce que c'est, en fait, une cellule ? Bulle, il en avait, lui aussi, des cellules ?
Pr Nautile — Bien entendu, tous les organismes vivants sont composés de cellules. Comme son nom l'indique, une cellule est un espace particulier fermé qui peut plus ou moins communiquer avec l'extérieur.

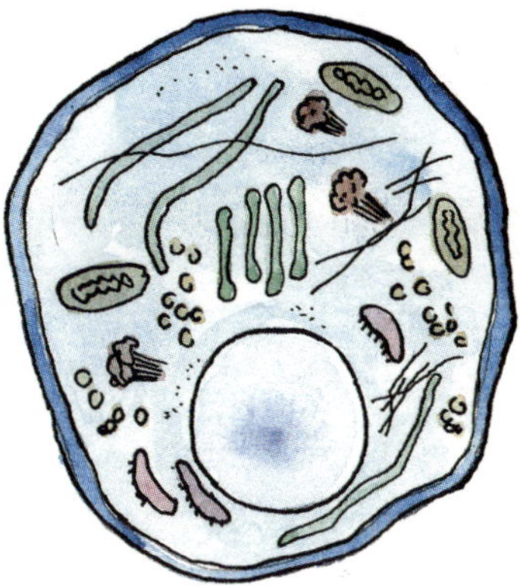

**une cellule humaine**

Quentin — Une cellule comme celle où on enferme les prisonniers ?
Pr Nautile — C'est la même idée en effet, sauf que nos cellules ne sont quand même pas des prisons ! Chez les êtres vivants, une cellule est un très petit espace qui est délimité par une membrane. Dans cet espace, des réactions chimiques particulières ont lieu.

*Quentin* — Des réactions chimiques ?

*Louise* — On peut faire exploser la cellule, alors ?

*Pr Nautile* — Non... plutôt des réactions comme la transformation du sucre que l'on a mangé en énergie et en matière que la cellule pourra utiliser pour fabriquer une deuxième cellule comme elle.

*Louise* — C'est grand comment, une cellule ?

*Pr Nautile* — C'est petit, presque toujours trop petit pour être vu à l'œil nu. Mais on voit très facilement une cellule avec un microscope.

*Quentin* — C'est beaucoup plus petit qu'un cheveu ?

*Pr Nautile* — Plus petit, oui, mais pas tant que cela ! Un cheveu mesure en moyenne 80 millionièmes de mètre et une cellule 5 à 50 millionièmes de mètre, ou plus. Les cellules des bactéries sont les plus petites.

*Louise* — Des millionièmes de mètre ? C'est très petit !

*Pr Nautile* — C'est comme si on coupait un mètre en un million de segments.

*Quentin* — Ça veut dire qu'il y a plein de cellules dans un être vivant !

*Pr Nautile* — C'est très variable. Les bactéries et les levures ne sont formées que d'une seule cellule. C'est pour cela qu'elles sont appelées « micro-organismes ».

*Louise* — Et nous, on en a combien ?

*Pr Nautile* — Ton corps d'enfant est formé d'environ cent mille milliards de cellules.

*Louise* — C'est énorme !

*Pr Nautile* — Oui, mais pour un éléphant ou une baleine, c'est encore bien plus ! Et tout est relatif : dans nos intestins, il y a une multitude de bactéries. Elles ne font pas partie de notre corps : elles se nourrissent de ce que nous avons mangé et que nous ne digérons pas. Notre intestin en contient cent mille milliards. Notre corps possède donc autant de cellules de bactéries que de cellules humaines !

*Quentin* — Et ces cellules, elles bougent ?

*Pr Nautile* — Les cellules des micro-organismes flottent dans l'eau et elles sont facilement emportées par le vent. On les voit quand on regarde par exemple un jus de fruit qu'on a laissé hors du frigo et qui s'est donc infecté. Des bactéries qui étaient dans l'air entrent dans la bouteille et se nourrissent du jus de fruit qui devient tout trouble. Le trouble est fait par les milliards de milliards de cellules de bactéries qui flottent.

*Quentin* — Et nos cellules à nous ?

*Pr Nautile* — Pour nos cellules, c'est différent. Presque toutes nos cellules sont collées les unes aux autres pour former les organes. Certaines de nos cellules flottent, comme celles des micro-organismes. Ce sont les cellules de notre sang : les globules rouges et les globules blancs. Les globules rouges vont chercher l'oxygène dans les poumons et les apportent aux cellules des organes. Les globules blancs servent à détruire les microbes quand ils nous infectent.

*Louise* — On a plein de sortes de cellules différentes alors ?

*Pr Nautile* — Les cellules d'un organe sont différentes de celles d'un autre organe. Un spécialiste reconnaît tout de suite une cellule du foie et une cellule nerveuse en les regardant dans un microscope. Chaque organe a une fonction précise qui permet à l'ensemble du corps de bien vivre.

*Quentin* — C'est comme si tous les organes jouaient ensemble dans une grande équipe de foot ?

*Pr Nautile* — Exactement ! Et si des organes ou des cellules se dérèglent et font n'importe quoi, on tombe malade.

*Quentin* — On prend des buts et on peut même perdre le match ! Mais comment se forment les organes ?

*Louise* — Les organes sont formés tout de suite quand on est créé ?

*Pr Nautile* — Eh non ! Au début de sa vie, un être vivant, comme une plante ou un animal, n'est formé que d'une seule cellule : l'embryon. Celui-ci provient de la fusion de deux cellules qu'on appelle « fécondation ». L'une de deux cellules provient de la femme, c'est l'ovule et l'autre de l'homme c'est le spermatozoïde.

*Quentin* — Une seule cellule ? Elle est énorme alors ?

*Pr Nautile* — Non, cette première cellule est toute petite, mais elle se divise en 2, 4, 8, 16, 32... et des milliards d'autres cellules. Après environ une semaine, l'embryon, encore très petit, est formé de deux à trois cents cellules qui sont encore à peu près identiques. Ensuite, plusieurs régions, qui ne sont pas encore des organes, se forment dans l'embryon ; mais on sait que chaque région donnera une série d'organes seulement. Les cellules deviennent alors de plus en plus différentes.

**La division de la cellule**

*Quentin* — On a combien de sortes de cellules dans notre corps ?

*Pr Nautile* — Dans notre corps, nous avons environ deux cents sortes de cellules. Ces différentes sortes de cellules s'assemblent pour former le corps. Après trois mois, un embryon humain a tous ses principaux organes formés. Ils n'ont plus qu'à grandir jusqu'à l'âge adulte.

## L'homme descend-il du singe ?

*Quentin* — D'accord, on a plein de cellules dans notre corps, mais tes dessins, ils ne nous expliquent pas comment on est arrivés sur Terre…

*Louise* — Mais, on n'est pas descendus du ciel avec une soucoupe volante ?

*Quentin* — Mais non, l'homme descend du singe !

Louise prend soudain un air interloqué :
— Mais comment il a fait pour descendre du singe ? Un jour, un singe est descendu d'une branche et c'est devenu un homme au lieu de rester un singe ?
Face à ce flot de questions, le professeur Nautile comprend qu'elle ne pourra pas retourner dans son laboratoire de sitôt… Elle s'assoit alors sur un des bancs de la galerie et prend le temps de répondre :
— Euh… c'est un petit peu plus compliqué que cela… Il est vrai que l'homme et le singe se ressemblent beaucoup. C'est parce qu'ils ont des ancêtres communs, qui ne sont ni des singes comme ceux que l'on connaît, ni des hommes. Les singes et les hommes ont gardé des ressemblances qui disparaissent petit à petit, au fil des générations. On ne s'en aperçoit pas car cette évolution est très lente, à notre échelle de temps humaine en tout cas.
Quentin — Mais on ressemble aussi à d'autres animaux, comme les chevaux par exemple.
Louise se met à rire et à imiter le cheval :
— Tu trouves vraiment qu'on ressemble à des chevaux ? Hue hue ! Quentin ! hue !
Pr Nautile — Pourtant, c'est vrai, et parfois plus qu'on ne l'imagine ! Notre colonne vertébrale par exemple,

LUCIE

c'est celle qu'avaient déjà les serpents. On la retrouve, bien cachée, chez la tortue. Celle-ci a une longue colonne vertébrale le long de sa carapace. La tortue est en effet un serpent qui a acquis, au cours de l'évolution, des pattes pour se déplacer et une carapace pour se protéger.

Louise est étonnée :

— Et nous, nous avons aussi la colonne vertébrale du serpent ?

*Pr Nautile* — Bien sûr ! Elle commence en haut du cou et se termine au coccyx, l'os qui se trouve en bas du dos, entre nos fesses.

*Quentin* — Avant le singe et l'homme, il y a eu d'autres espèces ?

*Louise* — Des monstres ! Avec des poils partout et de la bave qui dégouline !

*Pr Nautile* — Mais non, pas des monstres... plutôt des animaux vertébrés, c'est-à-dire des animaux qui ont des os comme nous, mais qui ne sont pas des mammifères et qui ne font donc pas de lait pour leurs petits. Les oiseaux par exemple.

*Louise* — Et avant ?

*Pr Nautile* — Des reptiles.

*Louise* — Et encore avant ?

*Pr Nautile* — Des invertébrés.

*Louise* — Qu'est-ce que c'est, les invertébrés ?

*Pr Nautile* — Ce sont des animaux qui n'ont pas de vertèbres, donc pas de colonne vertébrale, et en réalité pas non plus d'os comme les nôtres. Vous en connaissez beaucoup ?

*Louise* — Oui, les vers de terre tout dégoûtants !

*Pr Nautile* — Exact.

*Quentin* — Les insectes !

*Pr Nautile* — Oui. Quelles autres espèces vivantes connaissez-vous encore ?

Quentin hasarde :

— Les plantes ?

*Pr Nautile* — C'est vrai également, bien entendu. Mais les plantes sont beaucoup plus anciennes que les animaux.

*Louise* — Alors, les plantes étaient les premiers êtres vivants ?

*Pr Nautile* — Oh ! non ! Bien avant, il y a eu des micro-organismes, des levures et avant encore, les bactéries dont on parlait tout à l'heure. On pense que les premiers êtres vivants étaient des bactéries.

*Quentin* — Mais comment peut-on le savoir ?

*Pr Nautile* — Ce n'est pas très facile de savoir tout cela, car nous n'étions pas là pour observer. Mais nous avons tout de même beaucoup de preuves qui vont dans ce sens.

*Quentin* — Quand est-ce que les premières bactéries sont apparues ?

*Pr Nautile* — Il y a environ 3,5 milliards d'années.

*Louise* — C'est beaucoup !

*Pr Nautile* — Oui, c'est beaucoup. C'est difficile de réaliser ce que signifient des temps aussi longs. Mais c'est important parce que le temps a laissé aux bactéries, puis aux levures, puis aux plantes et aux animaux, la possibilité de produire des individus et des espèces très variés.

*Quentin* — Mais je ne comprends toujours pas ! Comment on peut dire 3,5 milliards d'années sans se tromper ?

*Pr Nautile* — En observant les restes des êtres vivants que l'on trouve dans la terre. On sait quand se sont formées telles sortes de sol ou de roche. Aucun reste

PLANTES
ANIMAUX
CHAMPIGNONS
BACTERIES
BACTERIES PRIMITIVES

d'êtres vivants n'a jamais été trouvé dans des couches terrestres plus vieilles que 3,5 milliards d'années.

*Quentin* — Alors on sait quand sont apparues les différentes espèces ?

*Pr Nautile* — Oui, à peu près. Les plantes ont commencé à exister il y a cinq cents millions d'années.

*Louise* — C'était il y a longtemps !

*Pr Nautile* — Détrompe-toi ! Cela ne fait pas si longtemps que ça ! Les insectes sont venus peu après, et les premiers vertébrés il y a trois cents millions d'années. Les dinosaures ont vécu pendant la période qui va de -225 à -68 millions d'années. Les premiers hominidés (pas encore des hommes comme nous mais des espèces qui commençaient à être différentes des singes) ont commencé à être présents sur la Terre, il y a six à sept millions d'années. L'âge de pierre (la période pendant laquelle l'homme a inventé les premiers instruments en pierre taillée), c'était il y a 2,5 millions d'années.

*Quentin* — Et les hommes comme nous, quand sont-ils apparus ?

*Pr Nautile* — On admet que l'homme moderne, c'est-à-dire nous, est apparu pour la première fois en Afrique il y a cent mille ans et qu'il a colonisé l'Europe, l'Asie puis l'Amérique il y a trente mille à quarante mille ans.

L'invention de l'agriculture et de l'élevage date d'il y a dix mille ans environ. On connaît mieux la suite !

*Louise* — Et la Terre, quand est-ce qu'elle a commencé à exister, elle ?

*Pr Nautile* — On s'accorde pour considérer que la Terre est âgée de 4,5 milliards d'années.

*Louise* — Mais qu'est-ce qu'il y avait sur la Terre avant que l'homme apparaisse ?

*Pr Nautile* — Il y avait déjà la mer et le ciel bleus, la pluie, la neige, les rivières, les glaciers, les volcans, des matins et des soirs, mais pas de poissons, pas d'algues, pas d'oiseaux, pas de petites souris, etc.

*Quentin* — Il n'y avait donc personne pour voir ce spectacle ?

*Pr Nautile* — Non, personne.

*Louise* — Ça devait être triste ! Heureusement qu'on est venus !

*Pr Nautile* — Je trouve aussi !

Louise rétorque aussitôt :

— Mais comment on est venus ? On est tombés de l'espace ?

*Pr Nautile* — Eh bien, personne ne peut encore répondre avec certitude à cette question. La vie est-elle une

création terrestre ou bien vient-elle de l'espace ? Nous n'en savons rien. Une chose paraît sûre, en tout cas : la vie a été créée une fois et elle n'a pas cessé depuis. En se reproduisant, on ne crée pas la vie, on la transmet. Si un accident, naturel ou non, éliminait la vie sur la Terre, il se pourrait bien qu'elle ne réapparaisse jamais, tant cette apparition était improbable. Cela ne peut que nous inviter à respecter tous les êtres vivants, quels qu'ils soient. Tout ce qui est vivant provient de cette transmission ininterrompue de la vie, depuis les premières bactéries jusqu'à nous. Cela a quelque chose de miraculeux…

## Les dinosaures ont-ils existé ?

*Quentin* — Mais alors, la première bactérie, le premier être vivant, personne ne lui a transmis la vie, à elle ! Elle est apparue où ?
*Pr Nautile* — On ne le sait pas vraiment, mais on a des hypothèses : il est presque certain que la vie a commencé dans l'eau ou au bord de l'eau.
*Louise* — Comme Bulle ! Mon petit Buuuu…
Après un coup d'œil anxieux à Quentin, le professeur Nautile enchaîne tout de suite, afin de ne pas laisser le temps à Louise de repartir dans une bruyante crise de larmes :
— En effet ! On constate que tous les êtres vivants contiennent beaucoup d'eau et qu'en absence d'eau, ils meurent ou entrent en sommeil, comme les graines par exemple. Beaucoup pensent que les premières bactéries

sont nées au fond des mers, dans des zones volcaniques. Dans ces endroits-là, l'eau chaude qui sort de la terre contient toutes sortes de composés chimiques. On pense que ces composés ont servi de nourriture aux bactéries primitives. Des bactéries de cette sorte existent encore au fond des mers !

*Quentin* — Il y avait combien d'espèces vivantes au début ?

*Pr Nautile* — Probablement une seule, la bactérie dont je viens de vous parler.

*Quentin* — Comment on peut en être sûr ?

*Pr Nautile* — On est sûr de peu de chose, mais tout de même ! Par exemple, même si personne n'a jamais vu de dinosaures, on ne peut pas douter qu'ils ont existé !

Tout en parlant, le professeur Nautile se lève et se dirige vers un petit escalier en bois, talonnée de près par les enfants.

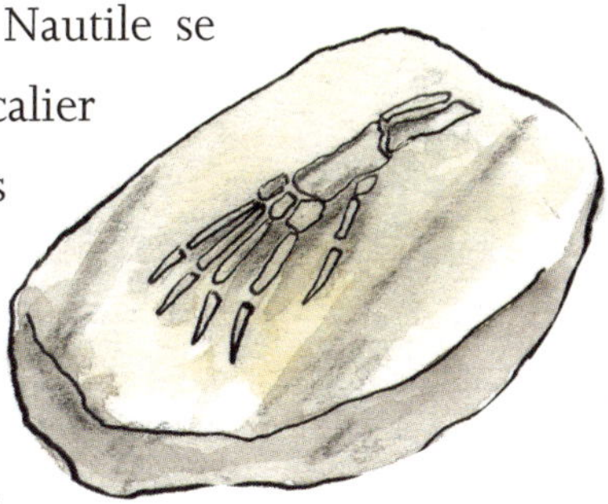

*Louise* — Pourquoi on est sûr que les dinosaures ont existé ?

*Pr Nautile* — Parce que nous avons beaucoup de restes de ces animaux : c'est ce qu'on appelle des « fossiles ». Nous avons des squelet-

tes entiers, des têtes, des vertèbres, des morceaux de peau. Nous en avons beaucoup car les dinosaures étaient très nombreux et ont disparu il y a environ soixante-dix millions d'années seulement.

Le professeur est coupé par un bruyant « Waouh ! » d'admiration lâché par Quentin, alors que Louise se réfugie derrière les jambes du professeur. Devant eux se dresse un squelette de dinosaure monumental.

*Pr Nautile* — Voici notre plus beau spécimen de tyrannosaure *rex* ! Impressionnant, non ? Mais nous avons aussi d'autres sortes de traces laissées par des dinosaures. Grâce à elles, on a même pu reconstituer une scène qui a eu très probablement lieu il y a bien longtemps : un gros dinosaure a couru après un autre plus petit, l'a rattrapé et l'a mangé ! Par chance, la terre qui se trouvait à cet endroit s'est transformée en rocher, ce qui a permis aux traces de leurs pas de ne pas s'effacer.

Louise, qui a enfin osé relever la tête, tire soudain la langue à l'imposant squelette et lance :

— Moi, je trouve que c'est bien que ces animaux aient disparu, ils étaient méchants.

*Pr Nautile* — Pas tous ! Certains dinosaures étaient des herbivores inoffensifs et servaient de nourriture à d'autres qui étaient des carnivores. C'est encore le cas pour d'autres espèces. Et puis, tu sais, la méchanceté n'a pas de signification pour les êtres vivants, en dehors de l'homme, qui a une conscience et peut donc faire des choix dont il est en grande partie responsable.

*Quentin* — Et pourquoi il n'y a plus de dinosaures aujourd'hui ?

*Pr Nautile* — Parce qu'il y a eu un changement de climat très important sur la Terre, certainement dû à la chute d'une météorite géante. Celle-ci a créé un formidable nuage de poussière qui a obscurci le ciel pendant des dizaines d'années et fait disparaître 80 % des espèces vivantes.

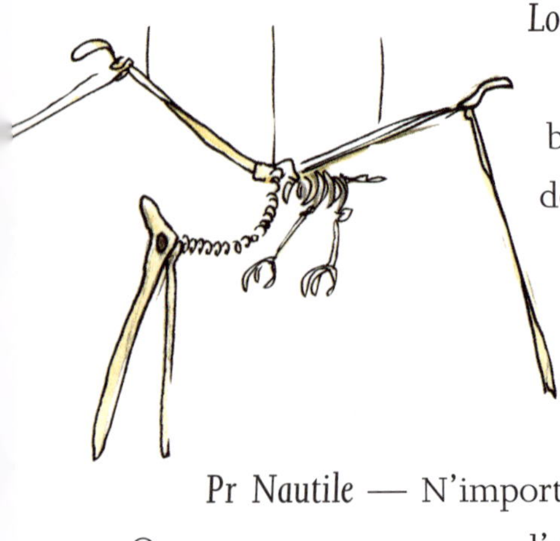

*Louise* — Bien fait ! Je n'aime pas du tout ces grosses bêtes avec leurs grandes dents !

Quentin, soudain angoissé, demande :

— Mais ça peut nous arriver à nous aussi ?

*Pr Nautile* — N'importe quand et sans prévenir. On pense que ce genre d'accident climatique arrive environ tous les cent millions d'années avec, à chaque fois, la disparition d'un grand nombre d'espèces.

*Quentin* — Mais alors, l'espèce humaine peut disparaître n'importe quand ?

*Pr Nautile* — Sans aucun doute. Et cela arrivera un jour ou l'autre, lorsque les conditions de vie sur la Terre ne nous seront plus favorables, quelle qu'en soit la raison. L'extinction du Soleil qui va avoir lieu un jour pourrait en être une cause. Mais rassure-toi, ce n'est pas pour demain, le Soleil va encore briller longtemps !

Quentin, rassuré à l'idée que la fin de l'humanité n'est pas si proche, renchérit :

— Mais quand les dinosaures ont disparu, toutes les autres espèces ont disparu aussi ?

*Pr Nautile* — Non ! De petits mammifères ressemblant à des souris ont survécu : ce sont nos ancêtres !

## Comment évoluons-nous ?

*Louise* — Mais comment on a fait pour devenir des hommes, si on était des petites souris alors ? On se transforme ?

*Quentin* — Oui, c'est vrai, qu'est-ce qui fait les changements dans les êtres vivants ?

*Pr Nautile* — On a l'habitude de croire que les êtres vivants se reproduisent en appartenant toujours à la même espèce. Par exemple, si des lapins se reproduisent, on obtiendra d'autres lapins. C'est la même chose avec les carottes.

*Louise* — Les lapins font toujours des petits lapins et les carottes des petites carottes !

*Pr Nautile* — C'est cela, et en plus, les espèces ont toujours le même comportement : tout le monde sait que si l'on met les uns en présence des autres, à coup sûr, les lapins mangeront les carottes… mais pas l'inverse ! On peut recommencer l'expérience autant de fois que l'on veut : on obtiendra toujours le même résultat.

*Louise* — Une carotte qui mange un lapin, ce serait plutôt rigolo !

*Pr Nautile* — Mais en réalité, à chaque génération, il y a des petites différences entre les parents et leurs descendants, et cela est vrai pour toutes les espèces. C'est ce qu'on appelle les « erreurs de reproduction ».

*Quentin* — Mais on ne les voit pas, ces changements ! Il y a toujours eu des lapins !

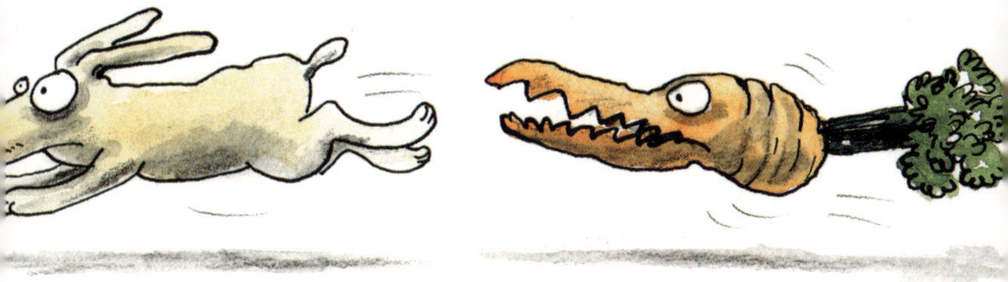

*Pr Nautile* — Bien sûr que non ! Les lapins ont commencé à peupler la Terre en Espagne, il y a quelques dizaines de millions d'années seulement.

*Louise* — Et avant les lapins, il y avait quoi ?

*Pr Nautile* — On ne connaît pas les animaux qui ont précédé les lapins. Ils devaient être moins bien adaptés et ont, par conséquent, disparu. Pour revenir à ta question Quentin, on ne voit pas le changement des espèces, parce qu'il est très lent. C'est pour cela que pendant des millénaires, les hommes ont été convaincus qu'un créateur avait mis sur la Terre toutes les espèces telles que nous les voyons encore.

*Louise* — Ça veut dire que nous sommes différents de nos parents ?

*Pr Nautile* — Oui, un tout petit peu. Tout ce qui est vivant se modifie à chaque génération.

*Quentin* — Mais à quoi servent ces erreurs de reproduction ?

*Pr Nautile* — Elles font naître, à chaque génération, des individus un peu différents des précédents, pour le meilleur et pour le pire. C'est ce qu'on appelle la « biodiversité ».

*Louise* — « Le meilleur et le pire », ça veut dire quoi ?

*Pr Nautile* — Le meilleur, c'est que sur le nombre d'individus, il y a des chances pour que certains soient mieux adaptés que d'autres à de nouvelles conditions de vie. Alors, ceux qui étaient défavorisés peuvent devenir les plus résistants. Cela permet à l'espèce de ne pas disparaître après un changement de climat par exemple.

*Quentin* — Comme les dinosaures ?

*Pr Nautile* — Eh oui, les dinosaures, qui régnaient en maîtres, ont disparu pour laisser la place à d'autres espèces comme les mammifères, qui paraissaient plutôt défavorisés, mais ont résisté au changement de climat qu'a provoqué la chute d'une météorite.

*Quentin* — Et le pire ?

*Pr Nautile* — Le revers de la médaille, c'est que certains individus sont moins bien adaptés dans une situation donnée et ne peuvent avoir qu'une vie peu agréable.

*Louise* — Tu veux parler de quels animaux ?

*Pr Nautile* — Eh bien, par exemple, les gros pingouins du pôle Sud, les empereurs, à cause d'un changement de climat qui a eu lieu il y a longtemps, doivent faire maintenant des dizaines de kilomètres pour trouver leur nourriture et se reproduire.

*Quentin* — Mais alors, si les hommes ont été les derniers habitants de la Terre, c'est qu'ils ont subi plus d'erreurs de reproduction que les autres espèces ?

*Pr Nautile* — D'une certaine manière, oui. Mais il ne faudrait pas en déduire que l'espèce humaine est plus

« ratée » que les autres à cause de cela. Une erreur de reproduction doit se comprendre non comme un échec ou une dégradation, mais seulement comme une différence avec le modèle, qui n'est, en soi, ni mieux ni moins bien que la copie.

*Quentin* — Mais il y a quelque chose que je ne comprends toujours pas ! Comment nos nouveaux organes se sont formés, nos organes d'humains ?

*Louise* — C'est vrai, ça ! Si on était des souris avant, comment les pattes ont-elles fait pour se transformer en jambes ?

Tout en se dirigeant vers la salle où se trouvent les squelettes d'hommes préhistoriques, le professeur répond :

— On pense que les bactéries, puis les levures, se sont divisées pendant des milliards d'années en donnant toutes sortes de micro-organismes, mais rien d'autre. Un jour, des micro-organismes un peu différents des autres se sont collés les uns aux autres et cela a dû leur donner un avantage sur les autres.

*Quentin* — Quoi, comme avantage ?

*Pr Nautile* — Peut-être qu'ainsi, ils résistaient mieux à des chocs, lorsqu'ils étaient transportés par le vent ou l'eau, ou à la sécheresse. Certaines cellules, en s'associant, ont dû former une sorte de bouche primitive et des organes non moins primitifs pour se déplacer et trouver les endroits les plus riches en nourriture. Lorsque cela est arrivé, ces nouveaux organismes ont eu un avantage sur les autres qui n'avaient pas évolué. Ils sont devenus de plus en plus nombreux, parfois aux dépens des organismes qui étaient là avant eux.

*Quentin* — Est-ce qu'on peut savoir quand on a eu un nouvel organe ?

*Pr Nautile* — Dans certains cas, oui.

*Louise* — C'est lequel, le dernier ?

*Pr Nautile* — C'est très probablement celui que l'on appelle « glande mammaire » ou « mammelle », l'organe qui sécrète le lait. Cette « invention » de la natu-

re date d'environ cent millions d'années. Elle a donné lieu à l'apparition d'une nouvelle catégorie d'êtres vivants, les mammifères.

*Louise* — Ça sert à quoi, cette invention ? Les poules, elles n'en ont pas et elles vivent bien sans ça !

*Pr Nautile* — Il n'y a pas qu'une seule solution pour qu'une espèce puisse survivre et il ne faut pas voir dans l'existence de la glande mammaire le résultat d'une intention. L'allaitement offre un gros avantage : c'est la mère qui doit trouver la nourriture qu'elle transforme en lait, et non le nouveau-né.

*Quentin* — Mais les bébés oiseaux aussi reçoivent de la nourriture que leurs parents leur apportent dans leur nid ?

*Pr Nautile* — Oui, mais les parents oiseaux ne peuvent rapporter au nid que ce qu'ils trouvent dans l'instant, ou presque. La mère ourse, elle, nourrit son ourson avec son lait pendant l'hiver alors qu'il n'y a presque rien à manger dehors. Pour cela, elle puise sur ses réserves de graisse. Au printemps, la nourriture est abondante, et l'ourson est devenu assez grand pour se passer de sa mère.

*Louise* — Mais comment elles ont fait pour arriver, ces glandes ? Un jour, une maman s'est réveillée avec ?

*Pr Nautile* — Comme je te l'ai dit, cela arrive par hasard à la suite d'erreurs de reproduction. Mais un tel événement est rare et il n'arrive pas tout d'un coup. C'est à la suite de nombreux essais qu'une solution est suffisamment avantageuse pour être gardée par l'organisme. Avant les mammifères, d'autres animaux sécrétaient par les pores de leur peau un liquide nutritif pour leurs petits. C'était l'ancêtre du lait. Pendant des millions d'années, l'organe de ces animaux s'est modifié et il s'est progressivement transformé en glande mammaire. Ce nouvel organe était plus efficace pour nourrir les nouveau-nés et cette solution a donc été « retenue ». Une nouvelle catégorie d'animaux était née : les mammifères. Il reste quelques animaux témoins de cette transformation. Le plus connu est l'ornithorynque qui a déjà des mamelles, mais qui a gardé un bec et qui pond des oeufs comme les oiseaux.

*Quentin* — Et comment on perd des organes ?

*Louise* — Avant, on avait une queue ? Elle est tombée, comme ça ?

*Pr Nautile* — On ne perd pas, un beau jour, par hasard, un de ses organes sur le bord de la route ! Mais tout nous indique tout de même que la perte d'un organe se fait sans que cela semble programmé, comme l'apparition d'un nouvel organe. Nous avons perdu notre queue au cours de l'évolution, sans doute parce qu'elle ne nous servait à rien. Mais on en a tout de même un petit reste, c'est le coccyx.

La petite troupe est maintenant arrivée dans la salle des hommes préhistoriques, des dizaines de squelettes y sont exposés en rangs d'oignons, comme s'ils se suivaient tous.

*Pr Nautile* — Voici Oscar, mon squelette préféré ! C'est un *Homo erectus* !

Louise tourne autour du squelette en riant. Quentin continue :

— Et comment l'homme s'est adapté à la nature ?

*Pr Nautile* — En évoluant sans cesse ! Comme toutes les espèces, l'homme tel qu'il est actuellement s'est construit progressivement et il continue à le faire. Les individus adaptés ont donné l'espèce humaine telle que nous la connaissons maintenant ; les non-adaptés ont disparu, la plupart du temps sans laisser assez de traces pour que nous puissions reconstituer cette histoire.

*Louise* — Et dans un million d'années, comment sera l'homme ? Avec trois bras et quatre yeux ? Avec des cheveux partout ?

Le professeur Nautile rit de bon cœur et répond :

— Peut-être… C'est impossible de le prévoir ! L'évolution est dépendante des conditions du milieu, qui est trop capricieux. Logiquement, l'homme devrait encore avoir des jambes, des bras, des mains, un cerveau, mais pour le reste ?

*Quentin* — Et est-ce qu'il y a de la vie sur d'autres planètes ?

*Louise* — Oui ! Des extraterrestres !

*Pr Nautile* — Pourquoi pas ? On peut facilement imaginer que des associations de matériaux aient construit ailleurs des ensembles suffisamment organisés pour qu'ils puissent se reproduire et donc être vivants. Mais il y a très peu de chances que cette vie soit identique à la nôtre.

## Sommes-nous tous égaux ?

*Quentin* — Tu veux dire que la vie dépend un peu du hasard ? Si on est comme ça ou comme ci, ça dépend du hasard ? On ne peut rien y faire ?

*Pr Nautile* — Tout dépend de quel point de vue on se place. Il est vrai que les erreurs dans la reproduction font que des individus sont plus favorisés que d'autres à la naissance, car ils sont mieux adaptés aux conditions de vie du moment. Et tout cela se fait sans qu'on puisse le prévoir.

*Louise* — C'est injuste. Ça veut dire que nous ne naissons pas égaux.

*Pr Nautile* — Nous ne naissons sûrement pas biologiquement égaux. Certains naissent avec un meilleur capital de vie que d'autres, ou dans un environnement plus favorable à leur développement. C'est pour cela que la Déclaration des droits de l'homme affirme que « les hommes naissent égaux en droit ». Cet acte de civilisation, propre à l'espèce humaine, a pour but de corriger ou d'atténuer les inégalités naturelles pour offrir les meilleures conditions de vie à chaque individu.

*Quentin* — Alors, il y a des gens supérieurs à d'autres ?

*Pr Nautile* — La perfection et la supériorité n'ont aucun sens biologique, tout dépend des conditions environnantes. Avant la chute de la météorite, les dinosaures pouvaient apparaître comme des espèces supérieures, plus après. Lorsque les conditions de vie changent, les individus qui paraissaient favorisés peuvent se retrouver défavorisés et inversement.

*Louise* — Ça veut dire qu'il n'y a pas de gens meilleurs ou moins bien que les autres ?

*Quentin* — Alors il n'y a pas de raison d'être raciste !

*Pr Nautile* — Non, en effet, pas le moins du monde. Il y a autant de différences biologiques entre les individus d'un groupe humain donné qu'entre les individus de deux groupes humains. Bien entendu, lorsque des individus d'un groupe vivent pendant longtemps en étant isolés d'autres groupes, ils se ressemblent de plus en plus. Cela finit par créer ce qu'on appelle des « races » chez les animaux, des « variétés » chez les plantes et des « souches » chez les micro-organismes. Cette sélection naturelle ne signifie pas qu'une race soit supérieure à une autre.

*Louise* — Pourquoi tout le monde n'a pas la peau de la même couleur ?

*Pr Nautile* — Pourquoi devrait-on tous avoir la même peau ? Beaucoup d'animaux ont des pelages bien différents, et ils ne s'en portent ni mieux ni moins bien. Le fait d'avoir une peau foncée ou claire n'offre aucun avantage ou inconvénient bien visible. Si une propriété, comme la couleur de la peau, n'est pas nuisible, elle peut être conservée pendant de nombreuses générations. C'est ce qu'on voit dans l'espèce humaine.

Louise est complètement indignée :

— Mais l'évolution est injuste ! Certains ont de la chance et ils ne l'ont pas mérité et d'autres n'ont pas de chance et ils ne l'ont pas mérité non plus !

*Pr Nautile* — Je comprends ton indignation, mais la justice, comme la notion de supériorité, n'a pas de sens pour la nature, qui semble bien n'avoir aucune intention ni aucun projet, au moins pour les détails qui concernent notre vie de tous les jours.

*Louise* — Mais c'est injuste, les loups qui mangent les pauvres petits moutons !

*Pr Nautile* — C'est vrai aussi que beaucoup d'êtres vivants ne peuvent exister sans se nourrir d'autres êtres vivants. C'est notre cas. Les relations entre les différentes espèces ou entre les individus d'une espèce sont souvent beaucoup plus douces. Il est vrai que les individus d'une espèce les mieux adaptés vont progressivement occuper plus le terrain et éliminer les autres. Cela ne se fait pas, en général, par une mise à mort mais par une simple compétition. Les moins adaptés se reproduisent moins bien, ils deviennent petit à petit plus rares et ils finissent par disparaître.

*Quentin* — C'est la lutte pour la vie, en fait.

*Pr Nautile* — Nous vivons actuellement dans un monde qui nous impose d'être compétitifs. Cela n'est pas si nécessaire qu'on le dit. Chacun de nous hérite d'un capital de vie. Il doit le faire fructifier au mieux. Cela n'implique pas nécessairement de faire des prouesses ou d'écraser les autres, mais plus modestement de se réaliser, de devenir la personne que nous pouvons être.

## Pourquoi n'est-on pas immortel ?

*Louise* — Est-ce que l'homme peut se changer lui-même ?

*Pr Nautile* — Tu veux dire « se faire évoluer » ?

*Louise* — Oui.

*Pr Nautile* — Oui, et il a déjà commencé. Les autres espèces ne peuvent pas le faire. En se soignant, en construisant des maisons, en pratiquant l'agriculture et l'élevage, l'homme permet à beaucoup d'individus de mener une vie agréable alors qu'ils auraient les plus grandes difficultés à survivre à l'état sauvage. Sans le vouloir particulièrement, l'homme échappe alors en partie à la sélection naturelle qu'a décrite Charles Darwin il y a cent cinquante ans.

*Quentin* — L'homme change aussi les plantes et les animaux ?

*Pr Nautile* — Il y a environ dix mille ans, les hommes ont commencé à s'apercevoir que les êtres vivants étaient capables d'évoluer. Ils ont alors sélectionné des animaux et des plantes, ceux qui étaient les plus intéressants pour eux. Des plantes domestiques comme les carottes ou des animaux comme les vers à soie ont été choisis pour répondre aux besoins des hommes. Et ces espèces ont été tellement modifiées par la sélection qu'elles disparaîtraient rapidement sans l'assistance de l'homme.

Louise passe soudain du coq à l'âne :

— Comment on fait pour penser ?

Pr Nautile — Il y a une grande difficulté à comprendre le lien qu'il y a entre le corps et la pensée, les émotions, etc. On peut même supposer que la pensée ne soit rien d'autre que les effets des réactions chimiques qui ont lieu dans les cellules de notre cerveau. Un cerveau est une structure tellement complexe que cela peut s'imaginer.

Quentin — Alors, nous ne sommes que des machines ?

Pr Nautile — On ne peut pas vraiment dire qu'un corps humain entier soit une simple machine. Si le fonctionnement de notre corps et de notre cerveau est le résultat de réactions chimiques dans nos cellules, l'ensemble de ces événements ne se comporte pas comme une machine. Cette mécanique microscopique rend l'ensemble beaucoup trop compliqué pour que son fonctionnement soit aussi prévisible que celui d'une machine.

*Louise* — Pourquoi on tombe malade ?

*Pr Nautile* — Il ne faut pas oublier que le corps n'est pas une mécanique parfaite. Comme on l'a dit tout à l'heure, certains individus naissent avec un capital de vie moins favorable que d'autres. On peut naître avec une maladie génétique comme la mucoviscidose ou une myopathie. C'est le résultat naturel de la loterie qu'est la reproduction des organismes les plus évolués. Il y a aussi les maladies infectieuses, dont on a parlé. Nos mécanismes de défense ne sont pas tout-puissants et nous n'avons trouvé des traitements que pour certaines maladies.

*Louise* — Pourquoi les êtres vivants doivent mourir ?

*Pr Nautile* — La mort n'est pas toujours une conséquence obligatoire de la vie. Les plantes, les animaux et l'homme meurent un jour. Inévitablement. Pas les micro-organismes.

*Quentin* — Ah bon ? Mais pourquoi ?

*Pr Nautile* — Lorsqu'ils sont dans de bonnes conditions, ils se multiplient rapidement et sans cesse, ce qui fait qu'ils ne meurent jamais véritablement. Ils peuvent toutefois mourir accidentellement. Cela leur arrive souvent, sinon, il y aurait beaucoup plus de micro-organismes sur la Terre !

*Louise* — Et pourquoi nous, on n'est pas comme les micro-organismes ?

*Pr Nautile* — Les plantes, les animaux et nous aussi sommes des organismes très complexes. Nos organes se dégradent progressivement. Ils se réparent en permanence, mais arrive un moment où les capacités de réparation deviennent insuffisantes. Cela conduit finalement à la mort.

*Quentin* — Et puis, si on ne mourait pas, il y aurait beaucoup trop d'habitants sur la Terre ! On serait tout serrés.

*Pr Nautile* — La mort par vieillissement peut en effet constituer une régulation du nombre des vivants pour assurer leur renouvellement.

Louise, repensant soudain à Bulle, s'enflamme à nouveau :

— Les maladies, la mort, c'est injuste ! Pourquoi vivre, si c'est pour souffrir et mourir ?

*Pr Nautile* — Personne n'a de réponse totalement satisfaisante à ces questions fondamentales. Quoi qu'il en soit, rappelons-nous que les mécanismes de l'évolution qui nous ont faits tels que nous sommes ne s'intéressent pas à nos états d'âme, ni à notre désir de ne pas mourir. Les êtres vivants, y compris nous, sont là parce qu'ils sont capables de se reproduire, sinon, ils auraient disparu. Après avoir assuré notre reproduction, nous ne sommes plus indispensables pour l'espèce. Notre survie prolongée n'est donc pas nécessaire. C'est sans doute pour cela que l'évolution n'a pas inventé de mécanismes capables de nous rendre immortels.

*Quentin* — Ouh ! là ! là ! C'est pas très gai tout ça !

*Pr Nautile* — Les animaux n'ont pas conscience qu'ils vont mourir, et encore moins les plantes et les bactéries. Est-ce que le fait de nous placer plus consciemment dans l'histoire de l'univers nous rend l'idée de la mort plus insupportable ? Ce n'est pas certain. C'est peut-être même le contraire qui est vrai. Est-ce que vous ne trouvez pas que cela vaut tout de même la peine de vivre ?

Quentin et Louise répondent en chœur et pleins d'enthousiasme :

— Oh ! si !

*Pr Nautile* — Je le pense aussi. La vie est un miracle permanent. Pour lui rendre hommage, vivons-la du mieux que l'on peut !

*Louise* — Bulle, alors, de toute façon, il serait mort un jour…

*Pr Nautile* — Exactement, c'est dans l'ordre des choses ! Et puis, je suis sûre qu'un autre poisson t'attend quelque part.

À ce moment précis, la maman de Quentin, toute rouge, un rouleau de papier essuie-tout à la main, déboule de derrière un squelette d'australopithèque et fonce comme une furie sur les deux enfants :

— Les enfants ! Je me faisais un sang d'encre ! Mais où étiez-vous ?

*Louise* — Tu sais, si Bulle est mort, c'est normal, c'est les choses qui sont dans le bon ordre et c'est comme ça.

*La maman de Quentin* — D'accord, Louise, mais après vous avoir cherchés toute l'après-midi, j'aimerais bien qu'on rentre maintenant !

Un peu en colère, la mère de Quentin s'agite dans tous les sens, si bien qu'elle trébuche sur l'os du pied de l'australopithèque et se rattrappe dans une pirouette incroyable.

*Quentin* — Tu vois, Louise, quand on disait que l'homme descendait du singe, on n'avait pas tort, je crois... maman est agile comme un chimpanzé !

# À faire soi-même

## Des bactéries dans du lait

*Matériel : du lait, un yaourt, deux verres, du papier d'aluminium*

Verse du lait dans deux verres (remplis-les à moitié ou aux trois quarts). Dans un des deux verres, ajoute une cuillerée de yaourt. Mélange le tout pour le rendre homogène et mets un papier d'aluminium sur le verre pour l'isoler de l'extérieur.

Laisse le second verre pendant quelques heures à l'air libre puis mets-lui un papier d'aluminium comme sur le premier. Laisse les deux verres dans la cuisine, à température ambiante, pendant un ou plusieurs jours.

Deux jours plus tard, observe bien ce qui s'est produit dans les deux verres !

Dans le premier verre, le lait s'est transformé en yaourt la nuit même où tu l'as laissé ou, au plus tard, le lendemain.

Dans le second verre, après plusieurs jours, le lait coagule aussi.

Voilà l'explication à ce que tu viens d'observer : dans le premier cas, la cuillerée de yaourt a apporté des milliards de bactéries vivantes (des bactéries lactiques) qui se sont nourries du lait et l'ont transformé en yaourt. Dans le second cas, le lait a été contaminé par des bactéries qui étaient dans l'air et sont entrées dans le verre. Ces bactéries se sont aussi nourries du lait et l'ont fait coaguler. Ce lait ne sent pas très bon et il ne faut absolument pas que tu le boives, car il est contaminé par des bactéries que l'on ne connaît pas et qui peuvent rendre malade ! Au contraire, les bactéries lactiques du premier verre ont empêché les autres bactéries de se développer et on peut manger le yaourt.

## Bactéries et anti-bactérien

*Matériel : trois verres, du sucre, de la poudre pour lave-vaisselle*

Verse de l'eau dans trois verres. N'ajoute rien dans le premier. Dans le deuxième, dissous un morceau de sucre. Dans le troisième, ajoute du sucre comme dans le deuxième, ajoute encore un petit peu de produit pour lave-vaisselle ou un autre produit de nettoyage.

Fais bien attention à ces produits car ils sont dangereux si on les ingère !
Laisse les trois verres à l'air et à température ambiante et attends plusieurs jours.
Qu'observes-tu ?
L'eau du premier verre reste claire : les bactéries de l'air contaminent l'eau mais elles ne se multiplient pas parce qu'elles n'ont rien pour se nourrir. L'eau du deuxième verre se trouble progressivement : les bactéries se nourrissent du sucre et ce sont elles que l'on voit dans l'eau. L'eau du troisième verre reste claire parce que les bactéries qui contaminent l'eau sont tuées par le produit qu'on a ajouté et elles ne se développent donc pas.

# Index

# Sommaire

# Remerciements

L'auteur et l'éditeur tiennent à remercier : les trois Sarah, Jean, Roxane, Sophian, Tony, Léa, Ibrahim-Kévin, Safia, Alma, Waldeck, Élise, Camille, Adem, Antoine, Élodie, Maguette, Romain, Antoine, Giulio, Guillaume, Héloïse, Rudy, Lucas, Jeanne, Mayron, Aymen, ainsi que leur institutrice de CM1 sans lesquels cette minipomme n'aurait pas aussi bien mûri.

# Dans la même collection

1. *Le Soleil, notre étoile*

   Roland Lehoucq, illustré par Magali Bonniol

2. *Mon corps : cent mille milliards de cellules*

   Laurent Degos, illustré par Sophie Jansem

3. *Les petites cases de ma mémoire*

   Francis Eustache, illustré par Odile Graumer

4. *À l'intérieur de l'ordinateur*

   Alain Schuhl, illustré par Stud

5. *Être vivant : quelle aventure !*

   Louis-Marie Houdebine, illustré par Yann Wehrling

N° éditeur : 0230-01/1 - N° d'impression : 25-0612
Achevé d'imprimer sur les presses de l'imprimerie Darantiere
à Dijon-Quetigny en avril 2005 - Dépôt légal : mai 2005
*Imprimé en France*